Standing in Awe

崩れを追って

吉友嘉久子

北日本新聞社

立山へ畏敬の念を込めて

目次

はじめに　4
神々の意志と祈り ―― ネパール　8
切り立つダムが叫ぶもの ―― イタリア　12
遠くにつながる砂防 ―― カナダ　16
大自然をあるがままに ―― ニュージーランド　20
リスクと村への愛着 ―― インドネシア　24
水との闘いに挑み続けて ―― オランダ　28

豪雨に消えた村 ―― 台湾 32
生きている大地 ―― ハワイ 36
監視と情報の備え ―― ノルウェー 40
赤木博士の情熱に触れ ―― オーストリア 44
癒えない被害の後遺症 ―― フィリピン 48
今なお導かれ向き合う ―― 立山カルデラ 52

解説 57
立山砂防女性サロンの会　海外研修の歴史 59
おわりに 60

はじめに

立山カルデラの崩壊地に初めて足を踏み入れた時の驚きは今も忘れられない。山肌を見上げながら一歩一歩進むごとに、貝殻のかけらを踏んだようにカシャカシャと音がした。足がすくんだその時の体験を胸に、無知を取り返すように私は砂防への関心を深めていった。

工事現場で出会った男は、「これで安心も、絶対安全もない」と言った。その言葉を伝えるために、私は語り部になる決意をした。そして、1人より10人、10人より100人で語ろうと2001（平成13）年、立山砂防女性サロンの会を立ち上げた。

結成から3年経った2004（同16）年、サロンの会の仲間に呼びかけ、海外にも視察や研修に出向くようになった。第1回のネパールに始まり、2018（同30）年までに15回、20か国をめぐった。訪ねた国は、どのような災害に見舞われたのか。その時、その国の人々は、どのように災害を受け止めたのか。その国ならではのあり様を目の当たりにし、一刻も早い復興を願わずにはいられないと同時に、自分たちにも起こり得るという恐れを新たにし続けてきた。

そんな中、2024（令和6）年元日、マグニチュード7・6、最大震度7の能登半島地震が発生した。富山も大きく揺れ、根拠なくはびこっていた安全神話はもろくも崩れ去った。能登も富山も、復興は未だ道半ばという矢先の9月下旬、能登には集中豪雨による土砂災害が追い打ちをかけた。そして、11月石川県西方沖でマグニチュード6・4、最大震度5弱の地震が起き、富山も再び揺れた。地震や台風、噴火、土砂崩れなどに次々と見舞われるこの国では、リスクと隣り合わせで生きているという現実に恐怖と不安が広がっている。

いま、私にできることは何だろうか。決して他人事とは思わず、いつどこを襲うとも知れない災害への備えをしておきたい。祈りにも似たそんな思いを、多くの仲間とともに海外で見てきたこと、聞いたことを頼りに発信していくことではないだろうか。この本を手に取って、防災という人間ならではの活動に気づきと理解が生まれるなら幸いである。

崩れを追って

神々の意志と祈り　——ネパール

目の前に広がる光景に足がすくんだ。降りしきる豪雨にえぐり取られた山肌が、土砂崩れから2年経った今もむき出しのままになっている。ネパールの首都カトマンズ市の郊外にあるマタティルタ地区の被災地。２００２年7月、この地を襲った集中豪雨で小高い山の山頂付近が約７０００立方平方メートルの土砂となって崩れ、家屋5戸が全壊、住民16人が亡くなった。

ヒマラヤ山脈の南斜面にあり、国土の大半が山岳地帯か丘陵地というネパール。幅約２００キロメートルの国土に高さ８０００メートルから60メートルという急(きゅう)峻(しゅん)な地形が凝縮されている。さらに、モンスーン気候による毎年6月から9月の雨季には、洪水や土砂崩れ、地滑りなどの大惨事が頻繁に起きている。

現地では、ＪＩＣＡ（国際協力機構）が自然災害軽減支援プロジェクトを組み、復旧工事にあたっていた。砂防ダム６基が築かれ、木々も植えられ、日本の治水・砂防技術の高さを再認識する一方で、山や川が多いことで、災害が発生しても救助が届きにくいことを知った。度重なる災害ですら、「神様の思し召し」と山々に向かって手を合わせる多くの住民の姿に複雑な思いにさいなまれた。被害を受けた小学校の子どもたちを励まそうと、日本から持って行った衣類や文房具を届けたが、それよりも、被害を最小限にとどめられるよう住民自らの力で対処できるようになることがもっと大切なのではないか、と感じたからだ。

カトマンズの中心部を歩いた。車やバイクが渋滞する中、道路のあちらこちらに牛やヤギの姿が見えた。その脇には、散乱したごみの山。水道は１日数時間しか出ず、その日使う分は水がめにためている。下水道は未整備の所が多く、汚水は川にたれ流していた。3年前の米同時多発テロの影響で、反政府組織が山に潜伏し、住民は町に追われ観光客は激減した。政情不安も続き、最近になってようやく、仕事をもつ女性が増えてきたという。まるで、戦後すぐの日本のようだった。

日々何が起きるか分からないリスクと共に暮らしている人々のこころに何か届いたのだろうか。災害復旧がどの国にとっても大きな課題である以上、世界で何が起きているのかを見聞きし、自分たちと結びつけて考えてみたい。そんな思いにかられている。

土石流被害を受けた子どもたち

切り立つダムが叫ぶもの ――イタリア

イタリア北部バイヨント川の深い渓谷に造られた、当時は世界一高いアーチ型の電力ダムだったバイヨントダム（堤高261メートル）。1963年10月、隣接する山で大規模な地滑りが起き、2・5億立方メートルの土砂がダム貯水池に崩落した。池の水は、ダムの上空100メートルにも達し、土石流となって下流のロンガローネ村を襲った。わずか5分で2000人の命を奪ってしまった。

ダムは今、大きな傷み（いた）もないままにひっそりとたたずみ、何の役割も果たしていないという。もう、その崩れを体験した人はほとんどいないのかもしれない。

開発からわずか4年しか機能しなかったダムは、私たちに向かって何を叫んでいるのだろうか。

普段、立ち入ることができなくなっているダム内を視察し、事故の資料が展示されているバイヨントダム博物館を訪ねた。建設前の周辺の地質調査が不十分だったこと、土石流のすさまじさに多くの遺体の損傷が激しかったことを聞いて、

「本当に避けられない災害だったのだろうか」と胸が詰まる思いがした。

ダムが訴えかけてくることを忘れまいと、ロンガローネ村の女性たちは公民館でのおしゃべり会を続けている、女性たちと私たちの交流会では、災害対策はもちろん、子育てから教育、少子化問題、介護まで質問が活発に飛び交い、時間を忘れて話し込んだ。

「あれは、原子爆弾だ」と女性たちは声を上げる。

「逃げきれない災害をどうするのだ」と問いかける。

「この災害を忘れてはならないし、いつやってくるか分からない。どこへ逃げるかだけでも意識しておくことが大切だ」。

災害の前に降りしきっていた雨を見て、住民を早く避難させるべきだったという後悔も語られた。当時、避難が遅れたことで関係者8名が有罪になっている。

毎年10月9日には、住民全員が集まり、崩れに埋まったままの600人の名前を読み上げ、追悼(ついとう)式を行っている。世界で最も高いダブルアーチというダムの誇りは、ヨーロッパで記録された最大の地滑りによって予期しない形で崩れ去った。ダムは、その姿を通して、「自ら考え、行動し続けることの大切さ」を教えてくれている。

バイヨントダムから見える街なみ

遠くにつながる砂防 ——カナダ

カナダ西海岸に位置するバンクーバーは、巨大なビルが林立する港町であり、「エバーグリーンシティ」の愛称で親しまれている。

「いったい、この地のどこに崩れがあるのだろう?」。

ビルを見上げ、街を囲んでまばゆいばかりの緑に目を奪われながら、郊外の砂防施設に向かった。バンクーバーは、2010年の冬季オリンピックに向けた建設ラッシュのさなかにあった。同時開催地のウィスラーへ延びる120キロメートルのハイウエーも、4車線に広げる工事が進んでいた。その下側に鉄道が走り、民家が並ぶ集落があり、その前に氷河の浸食がつくったU字谷の入り江、ハウサウンドが広がっている。

ここが、急こう配の入り江であり、カナダで最も土石流の発生が多いところとされるチャールズクリークである。１９６９年9月に起きた暴風雨は、渓谷上部の岩石を流出し、鉄橋を押し流した。通行していた車2台が土石流に襲われ、１台は行方不明となった。おそらくハウサウンドに流されたのだろう。渓谷上部の重い岩石が不安定な花こう岩を作り出し、それが嵐で動いて惨事を引き起こした。70年代に入ってからは、自然災害への対策が研究されるようになった。

「あれ、このえん堤、どこかで見たことがあるわ」。

思わずつぶやきながら、高さ20メートルの先端から下をのぞき込んだ。私たちを案内してくれたカナダの地質学者は2度日本を訪れ、土石流対策や砂防施設について学んでいる。そして、80年代後半にこの国で初めて、砂防えん堤が造られたのがここチャールズクリークなのである。

バスを降り、山道を登ると、突然山の中腹に大きくえぐられたくぼ地が目に飛び込んできた。土砂3万3千立方メートルをため込む堆砂地（たいしゃち）だ。日本の、そして、立山砂防から生まれた子どもに出合えたような懐かしさがこみ上げる。日本の砂防技術がここでも役立っている。

「えん堤のかたちが違っても、砂防が人の命を守ることを伝えなければならない」と地質学者は力説した。過去に立山カルデラで取材した多くの人の顔が浮かんできた。多くの人の思いが、ここカナダで生きている。どんなに遠く離れていても、防災というこころ、人間活動はつながっている。

カナダで生きる立山砂防の技術

大自然をあるがままに　――ニュージーランド

ニュージーランドの北島中央部にある世界遺産、トンガリロ国立公園には、春だというのに粉雪が舞っていた。訪れた時は、25年ぶりの寒波が襲来していた。公園には、ルアペフ、ナウンホエ、トンガリロの3つの活火山があり、近郊の街では無数の火山灰の湖が、不気味に地熱を噴き上げていた。

中央政府の火山学者らに案内されたルアペフ山は、その標高と氷河でスキーヤーに人気だが、数10万年にわたって溶岩流を出す噴火を繰り返してきた。1953年には、山頂にある火口湖の水かさが増し、噴火で自然にできた堤防が決壊、泥流が一気に下った。下流の鉄道橋が壊され、列車が濁流にのまれ、

151人が命を落とした。現在、橋は当時より2メートル高い位置に設置されているが、列車の残がいが災害のつめ跡をさらしている。

1995年には、激しい水蒸気噴火が起き、噴出物が3万平方メートルにわたってまき散らされた。熱水と火山灰が氷河の上に降り積もり、土石流が下流の谷に流れ込んだ。この年、日本から専門家を招き、自然石を積んだ砂防ダムを建設。その後も日本との共同研究は行われているが、人工的なものはなるべく造らない方針をとっている。下流に街がなく、住んでいる人もいないため、膨大な費用をかけて砂防ダムを造る必要がないという判断からだ。

防災対策で重視しているのは、探知と情報提供に関するシステムである。地震となだれを探知するセンサーが作動すると、道路を即封鎖し、警報が出される。逃げ方は、住民それぞれが考える。この国らしい自然との向き合い方が現れている。

国土の約6割が牧場というニュージーランド。果てしなく続く草原では、人間の数より多い牛や羊がのどかに草をはんでいる。国の主な産業は観光と酪農であり、世界遺産へのアクセス網や登山道がよく整備され、どこを訪れても、ごみ一つ落ちていなかった。

「撮るのは写真だけ、残すのは足跡だけ」。

あちらこちらで聞かされた言葉には、住む人に宿るスピリッツがある。災害と闘いながらも、大自然をあるがままに守ってきた歴史こそが、この国をつくり上げてきた大きな遺産なのだ。わが立山も、「世界の宝」として認められる日が来るのだろうか。カルデラの風景を思い起こした。

トンガリロ国立公園近郊にある間欠泉

リスクと村への愛着 ——インドネシア

繰り返される噴火によって「火の山」と呼ばれているインドネシア・ジャワ島のムラピ火山。3000メートル級の山を遠くから眺める限りでは、まるで何事もなかったかのように優雅な姿を見せていた。だが、訪れたその日も、1日100回もの火山性微動が観測され、山頂への入山が禁止されていた。目の前にある山は揺れながらエネルギーを蓄え、いつまた火を噴き出すかもしれないという恐れを抱かせた。

2006年、マグニチュード6・3のジャワ島中部地震で、ふもとの町は6000人もの死傷者を出した。追い打ちをかけるように、活動を活発化させたムラピ火山からは大量の火砕流が発生。河道(かどう)をはみ出し、ゲンドール川の川中いっぱいに躍り上がり、山肌を削りながら下っていったという。

その残がいの上を歩いた。4年という時を経ても、ごろごろと転がり出ている巨石や赤茶けた砂利、枯れ果てた樹木がそのままになっていた。やがて、土石流発生の危険をはらむ堆積(たいせき)物を受け止め、火砕流に傷(いた)めつけられても踏ん張っているカリアダムにたどり着いた。

ムラピ火山の中腹には、7000人もの人が溶岩の流れる音を聞きながら何十年も暮らしている。村の人に聞いてみた。

「なぜ、こんな危険なところに住んでいるのですか?」

「心配だし、怖い。でも、私たちは村を愛しているのです。火山の恵みで、土地が肥えて、作物が実る。河原に押し出された骨材が売れる。先祖代々住んできたこの地に愛着があって離れることはできません。私たちの命は、神様にお任せしているのです」。

だからこそ、村では住民への防災教育を大切にしている。災害の前兆現象を知る、避難場所や経路を把握するといった訓練が、幼稚園でも行われている。キラキラと澄んだ目をした幼な子たちが、机の下にもぐり込み、食べ物や水をリレーで送るその姿、その真剣さに熱いものがこみ上げた。

富山も同じである。もし、立山カルデラ内部の崩壊土砂が土石流となって下流を襲えば、富山平野全体が2メートルの土砂で覆い尽くされる。「リスクと共に生きている」ことを改めて自覚した。リスクを減らすために自分たちができることを考え、後世に伝えていかなければならない。防災という人間活動をどう高めていくのか。見直してみる必要がある。

火砕流で覆われたゲンドール川の河原

水との闘いに挑み続けて ――オランダ

明治時代に「暴れ川」と呼ばれた常願寺川の改修に尽力した土木技師、ヨハネス・デ・レーケ（1842―1913）の故郷であるオランダ。首都アムステルダムにあるアムステル川のほとり、深い緑に囲まれたマーティンルーザ公園に、デ・レーケの眠る墓地があった。お墓の前にひざまずき、両手を合わせると、「常願寺川は今、どうなっている？」という穏やかな声が聞こえてくるような気がした。

祖父も父も築堤工だったデ・レーケは、優れた河川技術者として、アムステルダムの北海運河のオランエ閘門（こうもん）建設で現場監督に任命された。欧米の先進技術を導入しようとした日本政府に招かれ、デ・レーケは１８７３年に来日した。その後、全国の治水事業に携わり、30有余年を日本で過ごすことになる。

１８９１年に初めて富山を訪れ、到着するとすぐに常願寺川の水源を目指して山道を登った。鳶山（とんびやま）の崩れを目の当たりにし、あまりのひどさに「この川は多くの土砂が流れ出すところに問題がある。全山、銅板で覆うしか手はない」とつぶやいた。その後、現地調査を行い、常西合口用水の新設や、下流で合流していた白岩川と分離するなど治水対策に大きな影響を与えた。残された膨大な報告書や論文にその功績が刻まれている。

オランダは、ネーデルランド（低い土地）といわれるだけあって、国土の４分の１が海抜０メートル以下。優雅な美しさをたたえる街並みは、雨水や地下水、海面上昇など水が押し寄せてくる危険をはらんでいる。度重なる水害との闘いから、被害を拡大しないよう対策を施してきた歴史がある。

アムステルダムと北海を結ぶ21キロメートルに及ぶ北海運河を1876年に開削した。水位の調節や海水が運河に流れ込むのを防ぐために、オランエ閘門などいくつもの閘門を建設した。北部地域では、北海を仕切る形で、全長32キロメートル、幅90メートル、高さ7メートルの閉め切り大堤防も築造している。

今、2100年を目標とした、災害被害防止プロジェクトが進んでいる。社会の変化に応じて、プロジェクトの方向性を決めていく。何か起きた時、すぐ対処できるよう知識を深めておくことや災害に対する心構えを強くもつことが大切なのは、水との闘いと共にある富山も同じことだと思う。

デ・レーケが現場監督を務めたオランエ閘門

豪雨に消えた村 ――台湾

赤茶けた山肌が、不気味な雰囲気を漂わせて目の前に広がっていた。すそ野にあった小林村（しょうりんそん）が土砂に押しつぶされ、この下に眠っている。2009年8月、台湾南部の中央山脈の渓谷に、台風「モーラコット」による雨が3日間降り続いた。年間雨量に迫る記録的な豪雨だった。村と町を結ぶ3本の橋のうち、2本が土石流で流され、小林村は孤立した。それまで大きな災害に見舞われたことがなかった自然豊かな村の風景は、一変した。

逃げ場を失った村人のほとんどは小学校に避難した。翌朝、「ドーン、ドーン」とごう音が響いた2分後、村のすべてが消えた。背後の山腹の斜面が800メートルの高さから深くえぐり取られ、崩れた土砂が直下の村を襲ったのだ。450人が避難していた小学校も、人々を抱えたまま土砂に埋まった。かろうじて助かったのは、崩れのない山肌にしがみつきながら、高台に逃げた43人だけ。しかも、崩壊土砂は川をせき止め、高さ70メートルもの天然ダムとなって、約1時間後に決壊。周辺の村にも被害を及ぼした。

被災から3年経っていたが、現場は手つかずのままだった。土砂の流出規模があまりにも大き過ぎて、重機で掘削（くっさく）することも、行方不明者を捜索することも容易ではなかった。やがて地区の名称は、「小林村」から「小林里（しょうりんり）」へと変更され、今は誰も住んでいない。辺りは静まり返っている。地中深く数十メートル堆積（たいせき）している土砂の下からうめき声が聞こえたような気がした。

小型バスがようやく通れる山道を上がった。道沿いの山肌に黒い30センチほどの墓石が点々と並んでいる。川の対岸に数軒残った家が肩を寄せ合うように建っていた。崩れたその日、村の前を流れる川の近くで農業を営む男性は、猛烈な勢いで水が迫ってくるさまを見て、周りの人に声をかけ、近くの山へ逃げた。そして2日間、小高い丘の上で過ごした。その時持って逃げた一羽の鶏を、雨水を沸かして煮て、飢えをしのいだ。

小林村に起きた土石流と降水、台風という複合型災害は、台湾全土の4分の1が被災するほどのエネルギーだった。経験を超えるような災害が増え続けている。活断層を抱える富山だって例外ではない。それなのに、私たちは「まあ、大丈夫だろう」と深く考えることを避け続けてはいないだろうか。

大規模な土砂崩れで村全体が埋没した小林里

生きている大地 ――ハワイ

米ハワイ島にあるキラウエア火山は、1983年以来噴火を続け、世界で最も活発な火山の一つとして知られている。キラウエアは、ハワイ語の「噴き出す」「広がる」という意味で、噴火の際の溶岩流を表しているという。

地表へ流れ出た溶岩は、表面が冷え固まった後も流れ続け、少しずつ海岸線を押し広げてきた。キラウエア火山は、ハワイ島観光のハイライトであり、活火山にもかかわらず、世界中から多くの人々が訪れる。山域を含む「ハワイ火山国立公園」は、東京ドーム約20個分の広さがあり、延々と続く溶岩台地や溶岩洞窟、熱帯雨林、2万3000年前の最古の岩を抱えていることから、世界遺産にも登録されている。

巨大なキラウエア・カルデラの中央に陣取るハレマウマウ・クレーターからは、怪しげな白い噴煙がもくもくと上がっていた。地中深くから湧き出るマグマの強いエネルギーに包まれながら、果てしなく続く溶岩流の黒々とした大地を踏みしめたその時、「地球が生きている」ことを実感した。大自然への畏怖（いふ）の念をかき立てられた瞬間だった。

この火山から2014年6月下旬に流れ出た溶岩が、住宅地の近くまで迫っていると報じられた。速い時には、1日に270メートルも動いており、交通量の多い幹線道路に到達する恐れもあるらしい。地表にある溝によって流れる方向を変えるかもしれないし、溶岩の特に軟らかい部分が加速して動き出す可能性もある。人工衛星や飛行機を使って調査してはいるが、溶岩流の通り道や量を予測するのは専門家でも難しく、溶岩の通り道に当たりそうな地域の住民は、かたずを呑（の）んで見守っているという。

9月下旬、私たちが帰国した翌日、日本では御嶽山（おんたけさん）の噴火が起こった。あまりにも突然の出来事に、なす術（すべ）もない現実に胸が痛む。亡くなった方々のご冥福を祈るとともに、発見されていない方々の捜索活動が一刻も早く進むことを願うばかりである。火山の噴火のみならず、大地震や集中豪雨を人間が食い止めることは不可能だ。少しでも被害を小さくするために、被害からの回復を早めるためには、自分の身を自分で守り、身近な人たちと助け合う術を日ごろから意識して備えるしかない。

いざという時にどう行動できるのか。一つ一つの体験から学んでいくしかない。

1983年から噴火を続けるキラウエア火山の噴火口

監視と情報の備え ——ノルウェー

ノルウェーの西海岸に集中するフィヨルドは、ノルウェー語で「入り江」を意味している。約100万年という太古にできた厚さ2000メートルから3000メートルもの氷河が、1万年ほど前に溶け出し、海側に移動する際に、その重みで谷底がU字型に削り取られた。そこへ、海水が入り込んで現在のようなフィヨルドが形づくられたといわれている。

この地は、幅に比べて距離が長く、両岸は切り立つU字の谷壁(こくへき)で、海抜が1000メートルを超える崖が連なっている。濃い緑の水面下は、深さ1000メートルのくぼみになっているところもあり、まるで大木が枝を広げるように数えきれないほどの支流が複雑に延びている。

中でも、全長２０４キロメートル、深さ１３０８メートルのソグネフィヨルドは、ヨーロッパで最長・最深を誇る。その支流、世界遺産に登録されているネーロイフィヨルドをクルージングした。息を呑むような美しさとは裏腹に、「切り立った岩盤が崩れることはないのだろうか」との恐れを抱いて山肌を見上げた。

国の技官によると、気温が上がり、雨量も増え、急傾斜地では地滑り被害が出ているらしく、「止めようのない自然災害とどう向き合い、危険から人々をどう守るのか。監視活動を徹底する。情報を流す。防災計画を立てる。そして予算を決める」と技官は語気を強めた。防災計画に基づいて、監視活動を徹底し情報を流す。予算は国が8割、地方が2割。洪水や土砂崩れ、雪害などの情報は、危険な状態になる前、6時間から66時間の間にEメールで警察や鉄道、メディアに注意報や警報を流す。全国４００か所に設置されている観察箱から上がってきた数値を分析して送られる。最近では、北極の水の溶け方が速くなり、水面の上昇も激しく、水害や土砂崩れの危険にさらされている地点も増え続けている。

ノルウェーには、民間の防災組織がない。災害があれば、国が動き、軍隊が国民を守る。国民の間に防災に対する危機意識は薄く、日ごろから防災について考えている人は少ないという。果たしてそれでいいのだろうか。

何事も自己責任が基本とされ、災害が起きるたびに保障問題に揺れる日本とは大きく違う。ノルウェーに比べ、災害も危険地帯もはるかに多い日本。ゆく道の険しさを思わずにはいられなかった。

過去にソグネフィヨルドで起きた地滑り（現地パンフレットから）

赤木博士の情熱に触れ ——オーストリア

雄大なアルプスの山々に囲まれたオーストリアのチロル州インスブルック。街を流れるイン川には、アルプス山脈から何本もの支川が入り込み、ドナウ川へと合流し黒海へと注いでいる。街の北にそびえ立つノルトケッテ連峰の展望台を目指し、ケーブルカーやロープウエーを乗り継ぎ、標高2300メートルまで登ってみた。

強風に舞う小雪が頰（ほお）をたたいた。ここは、沢雪崩（さわなだれ）の頻発地帯。80余りの沢がいつ暴れ始めるか分からない。地球温暖化による災害に耐えられるよう研究が進められているという。自然環境にも配慮した結果、雪崩をコンクリートでせき止めるのではなく、砂防えん堤に似た工法で沢を守っている。鉄柵で雪崩のスピードを弱め、流れを変える方法だ。眼下には歴史豊かな建造物や美しい家並みが広がる。観光立国を守っていることを実感させられた。

国職員の紹介で、わが立山砂防のルーツである、砂防の父・赤木正雄博士が学んだウィーン農科大学を訪ねることができた。赤木博士は、「日本の砂防は自分の肩にある」と決意し、砂防の先進地ウィーンに降り立った。1923(大正12年)のことである。勤務していた内務省を休職し、自費でオーストリアに入った。43日間の船旅、ドイツ語の習得など当時はどんなにか苦労されたであろう。大学で学ぶ傍ら(かたわら)、50か所もの砂防施設を視察し、2年後、38歳で帰国するやいなや、立山砂防を訪れ、いまや世界遺産に名乗り出ている「白岩えん堤」を設計したのである。

「オーストリアで砂防教育を行っている機関は、赤木博士の学んだこの大学のみだ」と大学教授から聞いて、胸が熱くなった。自然災害の軽減に取り組んでいる女性博士らとも交流でき、彼女たちは「これからは知識の蓄積と交流が大切になる。女性専門家の気づきを促し、個々の能力を強化しなければならない」と力説する姿に感銘を受けた。

災害リスク軽減に向け、世界の国々がそれぞれの地質や地形、土砂災害の発生要因に合わせた研究と実践を積み重ねている。たおやかな音色に包まれた音楽の都にも、自然や建物、そこに暮らす人々の尊い命を守るために奮闘している女性たちがいる。防災に男性も女性もないだろうが、私たちも負けてはいられない。

沢雪崩を防ぐため設置されている鉄柵

癒えない被害の後遺症　――フィリピン

１９９１年6月、フィリピンのルソン島西側にあるピナツボ火山が、４００年ぶりに噴火した。被害の規模と激しさは、東日本大震災と並んで今世紀最大級といわれている。

すそ野から見上げると、山頂が数百メートル吹き飛び、とがっていた山並みが平らになっている。崩れ落ちた土砂の総量は96億立方メートル。噴火当時、噴煙が上空40キロメートルまで噴き上げられ、ルソン島中心部の大部分が真っ暗な闇に包まれた。

その後、台風や豪雨が重なり、火砕流や火山灰などが雨にしみこみ、泥流（ラハール）となって田畑や集落、街を襲った。約90キロメートル離れた首都のマニラも例外ではなかった。火山観測に基づき、噴火のピークを予測できたことから、周辺住民数万人の命は救われたものの、被災者は60万人に上った。

ピナツボ火山から街に向かって流れるパッシグポトレロ川の河川敷を歩いた。柔らかい土砂に足をすくわれ転びそうになる。噴火後、川沿いで泥流に襲われた人々の暮らしはどんなだったろう。被災後27年経ち、再定住に向けた住宅密集地が点在してはいるが、毎年のように押し寄せるラハールに恐怖がよみがえるのではないだろうか。

川の中流には、噴火後5年の間に「メガダイク」と呼ばれる巨大堤防が造られた。高さ12メートル、総延長58キロメートルの堤防が川の中央部をぐるりと囲んでポケットとなり、下流域を守っている。フィリピンも日本も、噴火や地震、台風、津波などに傷(いた)めつけられる歴史を重ねている。とても他人事(ひとごと)とは思えない。

　噴火が終息した後、カルデラ内には湖ができた。美しいエメラルドグリーンの湖は、今では観光名所となっている。マニラに林立する高層ビルは、火山灰が骨材として使われているそうだ。住宅街には、細長く軒を連ねたバラック小屋やよろずやがある。そのすぐ近くに、究極の貧困を見せつけるようなスラム街。ごみの山に埋もれた人々の間を通った時には、胸をえぐられた。

　街は大渋滞の波。急激な経済成長と人口増加の一方で、インフラ整備も雇用も進んでいない現実が横たわる。元の生活を取り戻すことは難しく、災害の後遺症が簡単に癒(い)えることはない。災害は時も場所も選ばずに襲ってくる。これほど身につまされたことは未だかつてなかった。

大規模災害で崩れた堤防

今なお導かれ向き合う ——立山カルデラ

立山連峰の南西、常願寺川上流にある立山カルデラは10万年ほど前の火山活動とその後の浸食で形づくられた。周辺にはいくつもの活断層が走り、大地を揺さぶる危険をはらんでいる。風化に加えて、火山ガスや熱の作用でその地質はもろい。江戸時代の終わり、１８５８年（安政５年）に起きたマグニチュード７・３から７・６の大地震は、岐阜県北部と富山県に甚大な被害をもたらし、大鳶山（おおとんびやま）・小鳶山（ことんびやま）の崩れで生じた大量の崩壊土砂が常願寺川の水源部に堆積（たいせき）。大雨の度に川に流れ出し、下流の富山平野を襲った。今もなお、下流の河川改修とともに上流では砂防工事が行われ、命を懸けて働く多くの人々がいる。

工事は毎年6月から10月まで約5か月続くが、何事もなく作業開始を迎えることはめったになく、冬の間に崩壊した箇所を繕い、新たなえん堤を築いてきた。30数年前、初めて目にしたカルデラは修羅のようだった。赤茶けた山肌が四方八方で天をつき、立山黒部アルペンルートの足元をえぐる巨大なくぼ地の底に立つと砕けた岩がほろほろと崩れ落ちて来た。不気味な静けさのアリ地獄に背筋が凍った。その衝撃が、砂防とかかわる第一歩となった。

砂防工事の前線基地、水谷平には何度も何度も通った。弥陀ケ原台地の南壁に張り付くように広がる東西２５０メートル、南北１００メートルの台地には、工事期間中、作業宿舎が立ち並ぶ。危険を顧みず粛々（しゅくしゅく）と出かけていく男たちの姿に見返りを求めない純粋な心を見た。トロッコの軌道で草と格闘する駅長、作業員の健康を一手にあずかる看護師、心づくしの食事をふるまうまかないの女たち。

出会った人はみな、手の届かない大きなものに立ち向かう心にあふれていた。それとともに、工事の途中で失われてきた多くの尊い命に手を合わせ、かかわる人たちの無事を祈らずにはいられなかった。

この数十年の間に、現場もずいぶん変わったと感じる。人の手が、肩が、背中が玉石とセメントを運んだ時代から、無人化施工で山腹工事が行われ、衛星からのデータや早期警戒システムなどの最新技術を用いて維持管理されるようになった。山腹の緑化も進み、水谷平にも緑の壁が現れている。目を見張る技術の進歩はあっても、人が人としてやることは変わらない。自然が紡いできた時間に比べ、人として生きる時間はあまりにも短く、人が大自然を変えることは容易ではない。自然と社会の共生を目指した取り組みに終わりはない。

トロッコを降りて水谷平に入ると、俗世間のしがらみとは無縁であるかのよう

国重要文化財の白岩砂防えん堤（立山砂防事務所提供）

な静けさに、音のような音でもないような森のささやきに包まれる。立山に守られている幸せを感じ、「今年も来たよ。どうもありがとう」という気持ちになる。歩ける限り、ここに来たい。山に導かれ、自分のなかにあるものと向き合ってきた。その清々しさを忘れずにいたいと思う。

解　説

ヨハネス・デ・レーケ　Johannis de Rijke（1842—1913）オランダ

明治政府に招かれ、日本の河川改修や砂防工事の礎を築いた。「治水の恩人」「近代砂防の祖」とも呼ばれる土木技師。30年以上の日本滞在で、淀川や木曽三川、常願寺川、黒部川などのほか、神田下水、大阪港といった河川、運河、池、下水の多くの現場で技術指導や助言を行う。指導、建設した砂防ダムや防波堤は、100年余を経て日本各所に現存している。国の直轄事業による整備を目指す常願寺川を見て、「これは川ではない。滝だ」と言ったという伝説は有名だが、現在は、別の川で、別の技師の発言だと明らかになっている。

赤木正雄（あかぎまさお）（1887—1972）兵庫県出身

「砂防の神様・砂防の父」と呼ばれ、技術者・研究者・官僚・政治家として治水・砂防に生涯を捧げた。内務省入省後、自費でオーストリアに留学し砂防技術を学ぶ。内務省に復帰後は、砂防事業を統括。新潟土木出張所・土木局勤務時に、国直轄事業となった立山砂防事務所の初代所長となる。貴族院議員、参議院議員も務め、砂防事業の国民的な理解と砂防事業の発展のための砂防協会の設立や砂防会館旧本館の建設にも尽力した。

立山砂防

主に常願寺川流域の立山カルデラを中心とした砂防事業を指す。常願寺川の出水の記録は、662年にさかのぼり、中でも、1858年（安政5年）の飛越地震による大鳶山（おおとんびやま）・小鳶山（ことんびやま）の崩壊は立山カルデラ内の湯川と真川をせき止め、2回の大洪水を発生させた。1891年（明治24年）デ・レーケらが常願寺川改修を行う。カルデラ内の治山治水は、1926年（大正15年）砂防工事が国営化。立山砂防事務所が置かれ、赤木正雄が最初の所長となり、カルデラ内の不安定な土砂をせき止めるための白岩砂防えん堤の建設が始まる。以来、日々崩れ落ちる土砂を留めるため、「終わらない」砂防工事が続けられている。上流の砂防と下流の河川改修を組み合わせた「水系一貫」の構想の基礎となった砂防施設は、白岩砂防えん堤等が国重要文化財に指定されている。

立山砂防女性サロンの会

飛越地震で起こった鳶山崩壊の恐ろしさを今に伝える立山カルデラでは、堆積した大量の土砂による土石流から富山平野を守るため、現在も立山の奥地で砂防工事が続けられている。砂防事業を女性の視点からサポートしようと有志が集まって2001（平成13）年11月設立。立山カルデラ現地見学会をはじめ、国内外での研修や視察、講演会などを通して、砂防事業や防災への理解を深めるとともに、その重要性を家族や周囲の人々に伝えている。会員数は約250人。草の根の啓発活動は高く評価され、2015（同27）年に国土交通大臣表彰、2016（同28）年に内閣総理大臣表彰、2021（令和3）年には県民ふるさと大賞を受けている。

オーストリアの女性研究者とメンバーら（2017年9月）

立山砂防女性サロンの会　海外研修の歴史

日　時	訪問国	参加人数
2004年10月6日～10日	ネパール	30人
2005年7月22日～25日	韓国	23人
2006年9月29日～10月8日	イタリア	36人
2007年10月5日～13日	スイス	32人
2008年9月9日～16日	カナダ	34人
2009年10月4日～12日	ニュージーランド	21人
2010年9月25日～10月1日	インドネシア	31人
2011年10月15日～22日	オランダ・ベルギー	30人
2012年9月16日～21日	台湾	37人
2013年9月10日～16日	ベトナム	22人
2014年9月21日～26日	ハワイ	33人
2015年9月6日～12日	ノルウェー・スウェーデン・フィンランド	25人
2016年9月9日～15日	スリランカ	19人
2017年9月3日～10日	オーストリア・ドイツ・ハンガリー	24人
2018年9月8日～12日	フィリピン	20人

おわりに

立山砂防女性サロンの会を立ち上げてから20年余り、がむしゃらに走ってきた。巨大なえん堤に突き動かされるように、崩れの恐ろしさと備えの大切さをひたすらに語ってきた。そして立山を仰ぎ見るたび、今なお、山奥の崩れに挑んでいる人たちのことを忘れてはならないと胸に刻んできた。

人と人は支え合ってこそ生きていけるという事実の重みも受け止めてきた。カルデラの現場で働く人たちに出会うたび、命綱を身に着けて、山肌にしがみつく姿を目に焼き付けてきた。砂防えん堤の専門技術にはまったくの素人である私が、勉強不足も省みず、もてる限りの物語を広げてきた。その現場から立ちのぼってくるのは、世界一級の誇れる技術の奥にしっかりと息づいているいくつもの命、そのものである。

海外で見た光景も同じだった。その国の人々が、かけがえのない命はもちろん、大切に受け継がれてきた文化や伝統を守り、次世代に伝えていこうとしている。抗（あらが）いようのないものが繰り返される中でたくましく生き続けようとしている。その地へ降り立った私は、立ちすくみ、圧倒されるしかなかった。たとえ、日本から、富山から遠く離れた地であっても、大自然への畏敬の念と人々への温かいまなざしにあふれていた。それはまるで、由来の分からぬまま野にある石のように、問いかけることで語り合えるもののように。その問いかけは、私自身にも向けられていた。

海外研修での学びから得たいくつもの気づきを消さないように育てていこうと思っている。研修の企画・運営に携わってくださった国土交通省や

ＪＩＣＡ、立山砂防事務所、富山県のみなさま、20か国をともに訪れた立山砂防女性サロンの会の仲間に、改めて厚くお礼を申し上げたい。遠く海外へ向かう途上、家族に心配事を抱えていたことが何度もあった。ずっと犠牲を余儀なくされてきた家族には、「ありがとう」と伝えたい。

今、穏やかな表情を見せている常願寺川は、かつて「暴れ川」と呼ばれたことを忘れさせるかのように見える。けれども、能登半島地震は、この川の流れの歴史にも大災害による悲劇があることを思い起こさせた。今も、ふるさとを離れざるを得なくなった人やふるさと再生に心を尽くしている人が大勢いる。「みなさま、どうかご無事で」。そう祈らずにはいられないまま、今日も歩みを進めてゆく。

令和7年春　著者

著者略歴

吉友嘉久子（よしともかくこ）　神奈川県横浜市出身

北日本放送ラジオパーソナリティとして、朝の生放送番組を18年間担当した。その後、話力総合研究所北陸支社長を経て、ＯＦＦＩＣＥ・よしとも代表に就任。企業研修や講演を通して人材育成に携わってきた。自ら呼びかけて発足した立山砂防女性サロンの会では、設立以来、精力的に活動を展開し、現在は顧問を務める。その活動ぶりが認められ、２０１４（平成26）年、砂防界のノーベル賞とされる「赤木賞」を受賞。砂防に関する著書も多数あり、立山カルデラで働く人々を描いた著作『巨石が来た道』は建設大臣表彰（平成８年）を受賞したほか、『立山の崩れと生きる』『カルデラの赤電話』『地震・地すべり・大崩落』などがある。『常願寺川治水叢書　暴れ川と生きる』の執筆も担当した。立山カルデラ砂防博物館理事。〒939－8207　富山市布瀬本町10－2　ＯＦＦＩＣＥ・よしとも

本書は2008年～2018年まで北日本新聞朝刊に
掲載した原稿を加筆・修正しました。
ネパール、イタリア、立山カルデラの章は
新たに書き下ろしました。

崩れを追って
Standing in Awe

発行日　2025年4月6日

著　者　吉友嘉久子
発行所　北日本新聞社
〒930-0094 富山市安住町２番１４号
電話 076-445-3352
振替口座　00780-6-450

編集協力　舘野智子
制　　作　北日本新聞開発センター
装　　丁　山口久美子（アイアンオー）
印刷製本　北日本印刷

ISBN978-4-86175-128-8　C0051